以人为本
防患未然

全民应急避险科普丛书

QUANMIN YINGJI BIXIAN KEPU CONGSHU

U0317083

# 户外活动安全及应急避险指南

HUWAI HUODONG ANQUAN

JI YINGJI BIXIAN ZHINAN

中国安全生产科学研究院　编

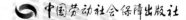
中国劳动社会保障出版社

**图书在版编目（CIP）数据**

户外活动安全及应急避险指南/中国安全生产科学研究院编. -- 北京：中国劳动社会保障出版社，2021
（全民应急避险科普丛书）
ISBN 978-7-5167-4822-0

Ⅰ.①户… Ⅱ.①中… Ⅲ.①安全教育 - 指南 Ⅳ.①X956-62

中国版本图书馆 CIP 数据核字（2020）第 226878 号

**中国劳动社会保障出版社出版发行**
（北京市惠新东街 1 号 邮政编码：100029）

＊

北京市白帆印务有限公司印刷装订 新华书店经销
787 毫米 × 1092 毫米 32 开本 2.625 印张 50 千字
2021 年 1 月第 1 版 2021 年 12 月第 3 次印刷
定价：**15.00 元**

读者服务部电话：（010）64929211/84209101/64921644
营销中心电话：（010）64962347
出版社网址：http://www.class.com.cn

# 编　委　会

# 前　言

　　我国幅员辽阔，由于受复杂的自然地理环境和气候条件的影响，一直是世界上自然灾害非常严重的国家之一，灾害种类多、分布地域广、发生频次高、造成损失重。同时，我国各类事故隐患和安全风险交织叠加。在我国经济社会快速发展的同时，事故灾难等突发事件给人们的生命财产带来巨大损失。

　　党的十八大以来，以习近平同志为核心的党中央高度重视应急管理工作，习近平总书记对应急管理工作作出了一系列重要指示，为做好新时代公共安全与应急管理工作提供了行动指南。2018年3月，第十三届全国人民代表大会第一次会议批准的国务院机构改革方案提出组建中华人民共和国应急管理部。2019年11月，习近平总书记在中央政治局第十九次集体学习时强调，要着力做好重特大突发事件应对准备工作。既要有防范风险的先手，也要有应对和化解风险挑战的高招；既要打好防范和抵御风险的有准备之战，也要打好化险为夷、转危为机的战略主动战。因此，做好安全应急避险科普工作，既是一项迫切的工作，又是一项长期的任务。

面向全民普及安全应急避险和自护自救等知识，强化安全意识，提升安全素质，切实提高公众应对突发事件的应急避险能力，是全社会的责任。为此，中国安全生产科学研究院组织相关专家策划编写了《全民应急避险科普丛书》（共 12 分册），这套丛书坚持实际、实用、实效的原则，内容通俗易懂、形式生动活泼，具有针对性和实用性，力求成为全民安全应急避险的"科学指南"。

我们坚信，通过全社会的共同努力和通力配合，向全民宣传普及安全应急避险知识和应对突发事件的科学有效的方法，全民的应急意识和避险能力必将逐步提高，人民的生命财产安全必将得到有效保护，人民群众的获得感、幸福感、安全感必将不断增强。

编者

2020 年 8 月

# 目 录 / Mulu

## 四、典型案例

# 一、户外活动安全现状

Huwai Huodong Anquan Xianzhuang

# 户外活动安全现状

1. 户外活动安全现状分析
2. 户外活动安全事故原因分析

# 1. 户外活动安全现状分析

随着我国社会经济的快速发展和人民生活水平的提高，人们对旅游等户外活动的需求越来越强烈，对探险性质的活动也更有兴趣，呈现参与人员全民化，户外活动项目多样化、个性化的特点。随着参加旅游等户外活动的人数、频率呈现爆发性增长，越来越多的人选择自驾游、自由行等出游方式，登山、探险以及高风险旅游项目等户外活动不断兴起，这些都给户外活动带来了更多的安全风险。

2019 年，国内旅游人数 60.06 亿人次，比上年增长 8.4%。根据中国登山协会登山户外运动事故研讨小组的不完全统计，2019 年我国大陆地区全年发生事故的户外活动参与总人数 2 055 人，事故总人数 942 人；受伤事故 82 起，105 人受伤；死亡事故 49 起，69 人死亡；失踪事故 5 起，5 人失踪；无人员伤亡事故 140 起。其中，群体性死亡事故 3 起，19 人死亡。数据显示，交通事故仍是户外活动事故中的主要类型。

## 2. 户外活动安全事故原因分析

户外活动发生事故的原因可归结为 4 个方面的因素：

🧰 参与者自身因素。

安全意识淡薄是户外活动参与者的普遍特征，也是造成户外活动安全事故的主要原因。参与者缺乏安全意识、户外活动经验不足，对潜在的危险认知不够，在健康状态欠佳的情况下盲目行动，过分自信、不听领队指挥，好奇心强、擅自冒险行动等，这些因素在一定程度上造成了很大的安全隐患。

🔘 装备因素。

在户外活动前，装备准备不充分或不合适，或者运动装备本身存在安全隐患，有些装备不适合某些特殊参与者使用等。

🔘 环境因素。

天气突然变化，会使户外活动增加很多危险因素。如户外活动中遭遇雷雨、暴风、洪水、冰雪、泥石流、山体滑坡、雪崩等。

🔘 组织管理因素。

组织者无户外活动组织资格、无专业领队，组织人员缺乏经验，时间、路线和地点选择不当，缺乏完备的户外活动计划和应急预案等。

# 二、户外活动安全常识

Huwai Huodong Anquan Changshi

# 户外活动安全常识

# 1. 常用报警求助电话

（1）国内常用报警求助电话

110——报警电话。遇到紧急事件，如盗窃、抢劫、打架，应快速拨打"110"报警电话，讲明发生的事件、事件发生的地点，请求警察帮助。

119——火警电话。当所在场所及周边发生火灾时，或发现大面积燃气泄漏时，要拨打"119"火警电话，讲明火灾发生的情况、地点，不能夸大，也不能缩小事实，请消防队提供帮助。

12119——森林防火报警电话。一旦发现森林草原火情，要在第一时间拨打"12119"森林防火报警电话。

120——急救电话。遇到突发疾病，需要紧急送往医院，可以拨打"120"急救电话。讲明以下内容：

√患者的姓名、性别、年龄、联系电话。

√患者的病情或伤情，现场采取的急救措施。

√患者所在地点，周边标志性建筑、路口、站牌等容易找到的地方。

999——红十字会急救电话。使用方法与"120"急救电话相同。

**110**
**报警电话**

**119**
**火警电话**

**12119**
**森林防火**
**报警电话**

**120**
**急救电话**
**999**
**红十字会**
**急救电话**

**122**
**交通事故**
**报警电话**

122——交通事故报警电话。一旦发生交通事故，及时拨打"122"交通事故报警电话，讲明交通事故经过、事发地点、联系方式，交警会赶到出事地点处理问题。

96333——电梯应急救援电话。电梯发生故障时，可拨打"96333"电梯应急救援电话，向外发出求救信号。

（2）国外常用报警求助电话

12300——中国外交部领事保护与服务热线电话。

国外当地报警电话：

√ 911——美国、加拿大

√ 999——英国

√ 112——德国

√ 119——日本

**专家提醒**

不得随意乱拨报警求助电话，否则要承担法律责任。

## 2. 户外活动常备应急物品

地图

 应急药品类。

√创伤用品。如创可贴、无菌纱布、云南白药喷剂等。

√晕车药。需要乘车、船、飞机时，可以备一些晕车药或晕车贴，以防身体不适。

√消炎药。由于旅途劳顿、水土不服或卫生条件不良等问题，易引起肠胃炎或者呼吸道疾病等。可提前备一些常用消炎药以防不时之需。

√防暑药。夏天天气炎热，出门在外容易出现食欲不振、头晕头痛等症状，最好备一些防暑药物，例如藿香正气液、十滴水等。十滴水也可用于治疗痱子或者轻度皮肤损伤。

√防蚊驱虫药。风油精既可以防蚊虫叮咬，也有止痛止痒，缓解晕车、晕船等多种不适的功效。

√抗过敏药及个人日常用药。

🍱 导航类。

地图、指南针、导航仪等，可用于辨别方向。

🍱 通信类。

移动电话、对讲机等，同时备好移动电源。

🍱 车载应急物品类。

千斤顶、灭火器、换胎扳手、停车警示牌等。

🍱 遇险求救类。

√高频救生口哨。如果在野外走失，或遭遇其他意外情况，可以吹哨求救。

√强光手电。既能用于遇险时用光信号求救，还能用于夜间照明。

🍱 其他。

√丝巾。既可以防风保暖，又可用于在发生创伤时包扎伤口。

√高锰酸钾。既可以消毒用，又可以用作引火燃料。

## 3. 户外活动安全注意事项

户外活动既可以锻炼身体，又可以放松身心、开阔视野，但在参与户外活动时，还要随时注意安全，避免发生事故，只有这样才能真正达到户外活动所带来的效果。

参加户外活动时，应注意：

尽可能多地掌握目的地信息，如位置、气候、路况、食宿条件等。

准备好出行装备及应急物品。针对不同的活动内容和地点备好合适的着装，防暑、保暖、防水等衣物要备好，远足的话还需要备好水和一些热量高的食品。

不要跟随不正规、缺乏责任感和组织经验的旅行社或领队出行。

活动过程中要与队友结伴而行，不要为了挑战或冒险单独行动。

游玩拍照时要注意身边和脚下危险，要坚持"走路不拍照、拍照不走路"的原则，不要有登高、爬树、私自下水等危险行为。

购买保险。任何户外活动都会存在一定风险，所以出行前最好购买人身意外伤害险等相关保险。

　　🪣 户外活动迷路时，应折回原路或寻找地势较高的安全处避难，减少体力消耗，并打电话给同行队友或用高频救生口哨、手电筒等发出求救信息。

　　🪣 注意防盗、防骗、防抢。若发生此类事件，应立刻拨打"110"报警电话。

15

## 4. 野外遇险求救方法

野外遇险求救时，要通过各种方式与外界取得联系。发出的求救信号要足以引起人们的注意。同时，要根据自身的情况和周围的环境条件，发出不同的求救信号。

⛨ 在地面上做标志。如果在野外活动中迷路或者遇险，可在空旷的地面上利用各种物体摆成"SOS"或"HELP"等求救信号，请求外界的支援。

⛨ 声音求救。如距离较近可大声呼喊，使用三声短三声长再三声短（代表 SOS）方式求救，间隔 1 分钟之后再重复；如隔得较远，有高频救生口哨作用会更明显。

⛨ 利用反射镜。利用阳光和一个反射镜即可发出信号光，任何可反射光的材料都可加以利用，如镜子、罐头盖、玻璃、金属片等。持续的反射光将规律性地产生一条长线和一个圆点，引人注目。注意环视天空，如果有飞机靠近，就快速发出信号光。

⛨ 点燃火堆。燃放三堆火焰是国际通行的求救信号，摆放成三角形，最好每堆火焰之间的间隔一样。释放信号的地点，要选择在制高点。

⛨ 挥舞彩旗。将彩色旗子或者布料等系在木棒上，持棒挥舞时，在左侧长划、右侧短划，加大动作的幅度，做"8"字形运动。

　　 沿途留下信息。在离开营地时，一路上要用石头、树枝或布条等不断留下方向指示标，这样做可以让救援人员追寻而至，自己也不会迷失方向。

# 三、户外活动常见事故防范及应急避险措施

Huwai Huodong Changjian Shigu Fangfan

Ji Yingji Bixian Cuoshi

# 户外活动常见事故防范及应急避险措施

1. 交通事故防范及应急避险措施
2. 拥挤踩踏事件防范及应急避险措施
3. 溺水事故防范及应急避险措施
4. 运动损伤防范及应急处置措施
5. 食物中毒防范及应急处置措施
6. 电梯和游乐设施事故防范及应急避险措施
7. 诈骗、盗窃及抢劫事件防范和应急措施
8. 动物咬伤应急处置措施
9. 中暑的防范及应急处置措施

## 1. 交通事故防范及应急避险措施

户外活动中，交通事故时有发生，掌握预防交通事故的方法以及在交通事故发生时的应急避险措施，是非常必要的。

（1）道路交通事故

乘坐公共交通工具时，应注意：

🗑 严禁携带易燃易爆、放射性等危险物品乘车。

不能携带易燃易爆物品乘车。

21

🗑 上车后要留意车内应急设施（灭火器、破窗锤、应急出口等）位置。

🗑 行驶时，不要与驾驶员交谈。

🗑 发现危险隐患时及时报告。

自驾出行时，应注意：

🏮 出行前，要预先了解沿途路况及天气情况。

🏮 提前维修、保养车辆，检查油路、蓄电池接线柱及电气线路。备齐车内的安全工具。

🏮 仪表盘上方勿放置打火机、灭蚊剂、香水等易燃易爆物品。

> 出门前要做好准备工作。

🏮 上车后应系好安全带，驾驶员在行驶途中不要拨打或接听手机，不观看车载电视等。

🏮 进入加油站加油时，不要在加油站任何区域使用明火或吸烟；不要在加油站内拨打电话。在加油前必须将车辆熄火。

不疲劳驾驶。不饮酒驾车。

遇到车辆意外起火时，应做到：

 保持冷静，不要惊慌失措。

 迅速用灭火器灭火，火势无法扑灭时，用湿毛巾或手捂住口鼻，听从驾驶员指挥迅速从车门下车。

别怕！砸碎车窗就可以逃生了。

 若车门无法打开，应利用车上的破窗锤或者硬物破窗逃离车厢。

 下车后迅速拨打"119"火警电话。

 在力所能及的条件下帮助抢救他人。

专家提醒

车辆火灾救援要做到：先人后车、及时有效、切勿惊慌。

23

**道路交通事故现场急救，应做到：**

🏥 道路交通事故发生后，要立即拨打"122""120""999"报警求助电话，寻求帮助。

🏥 在等待救援过程中，尽可能先对现场的伤者进行简单的救护。

🏥 不要随意移动伤者，要让其侧卧或仰卧、头向后仰，使其保持呼吸畅通。

🏥 对失去知觉的伤者，要清除其口鼻中的异物。

🏥 用干净布覆盖暴露的伤口，利用身边材料（如三角巾、手绢、布条等），将这些材料折成条状进行包扎。

🏥 对骨折的肢体应就地取材进行固定。

🏥 对心跳停止的伤员，应在现场立即施行心肺复苏术。

**专家提醒**

　　掌握正确、有效的急救方法是伤者获救的关键。

（2）铁路及轨道交通事故

乘坐火车或地铁时，应注意：

🛑 配合车站工作人员进行安全检查。

🛑 候车时要站在安全线内。

🛑 上车时听从工作人员安排依次上车。

🛑 车门开启、关闭时不得触摸、倚靠车门。

🛑 道口栏木（栏门）关闭、音响器发出报警音响、红灯亮时或看守人员示意停止行进时，要在停止线以外等候，切勿快速穿行。

🛑 不要在轨道上行走、坐卧。

25

车厢内发生火灾事故时，应做到：

🪣 保持冷静，及时向有关人员报告。

🪣 火灾初起时，要利用车厢内的灭火器进行扑救。

🪣 逃生时，要听从工作人员的统一指挥，不要随人群盲目逃生，以防拥挤踩踏事故发生。

🪣 逃生时，不要顾及行李，避免延误自己和他人的逃生时间。

🪣 立即关闭车窗，向火车行进方向撤离。

火车发生相撞事故时，应做到：

🪣 撞车瞬间，两腿尽量伸直，两脚踏实，双臂护胸，双手抱头，保持身体平衡。

🚽 脸朝向火车行进方向的乘客，要迅速抱头曲肘俯卧到对面座位上，护住脸部或抱头朝侧面蹲下。

🚽 背向火车行进方向的乘客，应该迅速用双手抱头，同时屈身抬膝护住胸和腹部。

🚽 在通道内的乘客，如果车内拥挤，要马上蹲下，用双手抱头；若车内不拥挤，应该双脚朝向火车行进方向，双手抱头，屈身躺在地板上，用膝盖护住腹部，脚蹬住椅子或车壁。

🚽 避免接触电线。

🚽 火车出轨后，不要盲目跳车。

**地铁发生停电事故时，应做到：**

🚽 保持冷静，切勿惊慌，不要随意走动。

🚇 在站台候车遇到停电时，应听从工作人员指挥，按照站台内的疏散指示标志安全有序撤离。

🚇 运行中遇到停电时，千万不能拉开车门试图离开车厢，应耐心等待救援。

地铁发生火灾事故时，应做到：

🚇 车厢内发生火灾时，乘客可直接拨打"119""110"等报警求助电话，也可以按下车厢内的报警按钮。

🚇 火灾初起时，可用车厢内的灭火器扑灭。

🚇 无法扑灭火焰时，要听从车站工作人员指挥，沿正确方向疏散。

🚇 逃生时应降低身姿弯腰前进，用湿毛巾或手捂住口鼻。

🚇 若火灾引起停电，可按照疏散指示标志朝背离火

源的方向有序逃生。

💬 逃生时要远离带电轨道，防止触电。

（3）航空事故

`乘坐飞机时，应注意：`

💬 仔细阅读乘机手册，认真听取乘务员解说示范。

💬 登机后一定要系好安全带。

💬 自觉关闭影响飞行安全的电子设备。

💬 熟悉距离自己座位最近的安全出口。

💬 不要随意触动具有红色标志的安全门手柄及其他应急设备。

💬 紧急情况下，应听从工作人员指挥，及时穿戴救生衣和氧气罩。

**飞机发生事故时，应做到：**

🍺 听从工作人员指挥，切勿惊慌，根据指示，有序撤离。

🍺 飞机发生异常时，要系紧安全带，保持身体前倾、头贴在双膝上，双手抱紧双腿，双脚平放用力蹬地。

🍺 抱婴儿的乘客，应将安全带系在腹部并系好婴儿安全带，将婴儿用衣服或毛毯包好，斜抱在怀中，婴儿头朝向通道内侧，抱住婴儿俯下身。

🍺 机舱内出现烟雾时，应使头部尽可能处于较低的位置，屏住呼吸，用湿毛巾或手捂住口鼻，弯腰迅速靠近紧急出口，快速撤离。

🍺 使用充气滑梯紧急撤离时，应按照指示，保持坐姿，双臂平举，轻握拳头，或者双手交叉抱臂，双腿和后脚跟紧贴梯面，收腹弯腰从充气滑梯滑下，迅速站起撤离。

专家提醒

　　抱小孩的乘客，应该将小孩抱在怀中乘坐充气滑梯下滑；伤残乘客可根据自身状况坐充气滑梯或由援助者协助撤离。

（4）水上交通事故

乘客乘坐船舶时，应注意：

🚢 不要搭乘无证经营、超载或缺乏救护设施的船只。

🚢 不要在船舱内吸烟。

🚢 在乘船观景时，不要拥挤到船只的一侧。

别都在一侧扎堆啊，小心船翻了。

😬 切勿翻越护栏，避免因船只晃动而落水。

😬 上船后，要熟悉救援设施所在位置，如救生衣、救生圈等。

😬 夜间航行时，不要用手电筒等照明用具向岸边或水面照射，以免使驾驶人产生错觉而发生意外。

😬 注意聆听船上的广播，及时了解船舶航行情况。

船舶发生倾翻事故时，应做到：

😬 保持冷静，听从船上工作人员指挥。

😬 遭遇风浪袭击时，不要慌乱，不要站起来或倾向船的一侧，要在船舱内坐好，使船体保持平衡。

😬 若水进入船内，要尽快将水排出。

😬 若船舶正在下沉，不要在倾倒的一侧下水，以防被船体扣入水下难以逃生。

😬 木质船舶翻船后，应立即抓住船体并设法爬到翻扣的船底上，等待救援。

专家提醒

遇到恶劣天气时千万不要乘船出行。

**船舶发生失火事故时，应做到：**

🏥 若甲板下面失火，应该立即撤到甲板上，关闭舱门、气窗等通风口。

🏥 火势无法控制时，用湿毛巾或手捂住口鼻，寻找救生设施从船尾逃生。

**弃船逃生时，应做到：**

🏥 穿上救生衣或戴上救生圈，听从工作人员指挥，依次离开（妇女、儿童优先）。

🏥 没有救生衣时，要尽可能向水面抛投漂浮物（如空木箱、木凳等）作为救生用具。

33

🪣 跳水逃生前不要慌张，要观察船中及周围情况，避开水上漂流硬物。

🪣 穿救生衣跳水，要迎着风向，双臂交叠在胸前，压住救生衣。跳时要深吸一口气，手捂口鼻，眼望前方，双腿并拢伸直，脚先下水。不要向下看，防止身体前倾扑进水里受伤。

🪣 跳水时尽量远离船体，避免被船只下沉时产生的涡流吸入水底。

🪣 落水后下沉时，要保持镇定，紧闭嘴唇，憋住气，不要在水中挣扎，应仰起头、使身体倾斜，保持这种姿势，就可以慢慢浮出水面。

🪣 浮上水面后，不要将手举出水面，要放在水下划水，使头部保持在水面上，以便呼吸空气。寻找漂浮物并牢牢抓住。

👒 落水后不要离出事船只太远，要通过各种方式（吹高频救生口哨、呼喊或摇动色彩鲜艳物等）发出求救信号。

专家提醒

弃船逃生时要脱掉鞋子，扔掉身上的重物。救生衣的穿戴方式要正确，扎紧系牢救生衣的绳带，以免救生衣被海浪吹掉。

## 2. 拥挤踩踏事件防范及应急避险措施

踩踏事件往往发生在群体活动中，特别是在人群拥挤且移动时，若有人意外跌倒，后面不明情况的人群依然在前行，会发生踩踏跌倒的人的情况。前方人群移动速度突然发生改变，造成加剧的拥挤和更多人的跌倒。

为预防踩踏事件的发生，应注意：

进入人员密集场所时，要遵守次序，并提前观察好安全通道、应急出口的位置。

处在拥挤的人群中时，切记不要逆着人流前进，否则非常容易被人流推倒。

☺ 处于密集的人群中，一定注意随身物品不要掉落，即使掉落也不要弯腰去捡东西，这样很容易被身旁的人群推倒致伤。

☺ 参加大型集会时，尽量穿平底鞋，防止摔倒或意外事故发生。

☺ 人群拥挤时，不要因好奇挤进去看热闹，避免受到伤害。

☺ 如果在上下楼梯时人流量较大，可以暂时进入楼道，等人流减少时再上下楼。

发生拥挤踩踏事件时，应做到：

☺ 不要惊慌，观察周围形势，应服从组织者指挥，有序撤离，不跟随人群盲目乱动。

☺ 人群拥挤时，要用双手抱住胸口，以免内脏遭受挤压而受伤，尽量靠边走，以减少人群压力。

☺ 发觉人群向自己涌来，应立即避到一旁，即使

37

鞋子被踩掉，也不要贸然弯腰提鞋或系鞋带。

🚽 如果带着儿童，要尽快把儿童抱起，尽可能抓住身边牢固的物件。

🚽 发现前面有人摔倒时，要马上停下脚步，同时大声呼喊，告知后面的人不要再向前拥挤。

🚽 若被人群挤倒，则尽量设法靠近墙角，身体保持俯卧拱背姿势蜷成球状，双手在颈后紧扣，护住后脑和颈部，两肘支撑地面，胸部不要贴地以保护身体，防止被踏伤。

🚽 及时拨打"110""120"等报警求助电话。

专家提醒

　　老年人和儿童尽量不要到人流量较大的地方。

### 3. 溺水事故防范及应急避险措施

世界卫生组织《全球溺水报告》显示，全球每小时有40多人溺水死亡，每年共有约37.2万人溺水死亡，半数以上溺水死亡者不足25岁。而我国每年约有5.9万人死于溺水，其中未成年人占据了95%以上。儿童因身心发育不全，对潜在危险的认识不足，容易成为溺水事故的受害者。

**从全国范围来看，溺水事故呈现几个特点：**

🚽 多数溺水死亡事故发生在农村。

🚽 发生溺水事故的时间段主要集中在每年5月至9月。

🚽 发生溺水死亡事故的以中小学生居多，留守儿童发生溺水事故比较突出。

🚽 从发生溺水事故的地域来看，事故发生多集中在江河、湖泊、池塘、水库、水坑等野外地方。与游泳池相比，野外公共水域的潜在危险因素更多。

**为预防溺水事故，应注意：**

🚽 不要私自在海边、河边、湖边、水库边玩耍，以防滑入水中。

&#127860; 不要私自下水游泳，特别是青少年，必须有大人陪同。

&#127860; 不到禁止游泳的水域游泳，不到有急流、漩涡或不熟悉的水域游泳，不到无安全设施、无救援人员的水域游泳，更不要酒后游泳。

&#127860; 不要贸然跳水或在水中嬉戏打闹。

&#127860; 在游泳馆游泳时，无深水合格证不要靠近深水区。

41

&#127860; 在游泳中若感到头晕、心慌，要立即上岸休息或呼救。

&#127860; 在海边戏水或游泳时，切勿超越警戒线。

🛑 若发生抽筋情况，不要惊慌，可采用蹬腿或跳跃动作，或用力按摩、拉扯抽筋部位，同时大声呼救。

🛑 不到未开放的冰面游玩，尽量到正规滑冰场所去滑冰。

**一旦发生溺水，应做到：**

🛑 先屏住呼吸，尽量将头后仰，待口鼻露出水面后再呼吸，呼气宜浅，吸气要深，然后大声呼救。寻机抓住救生圈、木板或隔离带等可以救生的物品，一边实施自救一边等待救援。

🛑 当施救者游到身边时，不要挣扎，应积极配合。

🛑 滑冰不慎掉入冰窟窿时，要及时呼救，同时还要不停游动，以免四肢被冻僵。

**发现有人溺水时，应做到：**

🛑 可将救生圈、竹竿、木板等物品抛给溺水者，再将其拖至岸边。

🛑 如果没有救生器材，不要贸然下水救人，应立刻大声呼救。

🛑 救护者接近溺水者时要从背后救助溺水者，以防被溺水者抱住后无法游动而发生其他意外，然后将其拖至岸边。

将溺水者救上岸后，可采取以下急救措施：

🏺 当溺水者被救上岸后，应立即将其口腔打开，清除口腔中的分泌物及其他异物。

🏺 解开溺水者的衣扣、领口，使其保持呼吸道畅通。救护者可一腿跪地，另一腿屈膝，将溺水者的腹部放到屈膝的大腿上，一手扶住其头部，使其嘴向下，另一手压住其背部，将其腹内水排出。

🏺 若溺水者昏迷，呼吸微弱或停止，要立即进行人工呼吸，采用口对口人工呼吸的方法效果较好。

🏺 若溺水者心跳停止，应先对其进行胸外心脏按压。

🏺 在急救的同时，让其他人员迅速拨打"120"急救电话。

43

## 4.运动损伤防范及应急处置措施

人们在进行户外活动或体育运动时，时常会因为准备活动不充分、运动量过大、气温过高或者场地条件不好而发生运动损伤。摔伤是户外活动常见的损伤之一，摔伤轻者会导致皮肤擦伤或软组织挫伤，重者会导致韧带及肌肉拉伤、骨折、颅脑创伤、脊椎损伤、出血等。

为预防运动损伤，应注意：

🍶 根据天气情况和活动项目选择合适的着装，并正确佩戴护具。

🍶 要注意运动场地是否有坑洼不平、湿滑等状况，以及运动设施和器材是否完好无损。

运动前一定要先做准备活动哟！

🍶 运动开始前要进行热身，运动中要量力而行，避免运动过度。

🍶 避免在受污染的环境或恶劣的天气中运动。

44

一旦发生摔伤，可采取以下应急措施：

🎴 抬高患肢，受伤 24 小时之内用冷毛巾进行冷敷，使血管收缩，可减轻肿胀和疼痛。

🎴 如伤处出血，可用医用纱布等按压伤口止血，然后用绷带加压包扎，注意不要乱揉，以防增加出血量。

🎴 受伤 24 小时后改用热敷，促进淤血的吸收。

🎴 受伤后切忌推拿按摩受伤部位。

🎴 如果关节脱臼，不要自行强硬地将脱出的部位整复原状，也不要强行进行拉伸，可以先冷敷，扎上绷带，保持关节不动，然后立即去医院治疗或拨打"120"急救电话。

想不到脚也能"吃"冰棍！

如果踝关节扭伤，立即停止行走、运动或劳动，取坐位或卧位，抬高患肢，以利静脉回流，减轻肿胀和疼痛，然后用冰袋或冷毛巾对局部进行冷敷。严重时去医院治疗。

如果发生骨折，应采取以下应急措施：

√开放性骨折有出血时，应该先止血，包扎好伤口后再做骨折固定。已暴露在外的骨头严禁移回组织内。

√四肢骨折固定的方法是，上肢要弯曲，下肢要伸直；脊柱骨折要尽量保持受伤时的原状，不要搬运伤者。

√在固定受伤部位时，要正确使用夹板。夹板长度要超过受伤部位上、下两个关节，与皮肤、骨骼间要垫放软物。

√经急救处理后，要迅速将伤者送往医院治疗。

**专家提醒**

在不能判断是否骨折时，要按骨折进行处理，先固定伤处，为以后的治疗做好准备。

## 5. 食物中毒防范及应急处置措施

为预防食物中毒，应注意：

🗑 不吃无证无照、流动摊档和卫生条件差的饮食店售卖的食品。

🗑 养成良好的卫生习惯。不吃生食、不喝生水，做到饭前便后洗手。

🗑 选择新鲜、安全的食品。切勿购买和食用腐败变质、过期和来源不明的食品。

47

🍱 勿食在野外自行采摘的植物蔬果，如野生蘑菇等。

🍱 少吃油炸腌制食品，冷饮要节制。

🍱 熟食应及时食用，隔夜的食物要经过彻底加热后食用，若放置时间太长则不要食用。

一旦发生食物中毒，应做到：

🍱 立即停止食用有毒食品，并保留疑似有毒食品或呕吐物和排泄物，以备送检。

🍱 病情严重时尽快拨打"120"或"999"急救电话。

🍱 在等待救援过程中，可通过稀释、催吐、导泻等急救措施进行自救，在自救过程中要防止呕吐物堵塞气道引起窒息。

√催吐。中毒不久而无明显呕吐症状者，用筷子、圆钝的勺柄或手指伸进嘴里，刺激咽喉，进行催吐。在呕吐过程中要防止呕吐物堵塞气道引起窒息。

√稀释。饮用大量洁净水，以减少毒素的吸收。

√待呕吐结束后，需饮用温开水或生理盐水，防止吐泻造成脱水。

√若食用变质的鱼、虾、蟹等引起食物中毒，可用食醋兑水（1：2）稀释后服下。

√若误食了变质的饮料或防腐剂，可用鲜牛奶或其他含蛋白的饮料灌服解毒。

√导泻。若吃下有毒食品的时间较长（超过两小时），且精神较好，可采用服泻药的方式，促使有毒食品排出体外。

若腹痛剧烈，应采取仰卧姿势并将双膝弯曲，缓解腹肌紧张。

专家提醒

在出现食物中毒症状24小时内，不要擅用止吐药或止泻药，以免贻误病情。出现中毒现象时，应及时将患者送往医院治疗。

49

## 6.电梯和游乐设施事故防范及应急避险措施

### （1）电梯事故

乘坐自动扶梯时，应注意：

🖱 不要让儿童单独乘坐自动扶梯。自动扶梯有时可能会发生断裂或倒转，缺齿的自动扶梯容易卡住儿童的手。如果儿童比较小，乘坐自动扶梯时要有家长看护，家长最好让儿童站在自己的身体前方。

🖱 乘坐自动扶梯时，注意力一定要集中，不要玩手机或平板电脑，注意脚下安全。

☝ 文明乘梯，靠右站立。不要在自动扶梯上逆行、攀爬、玩耍，不要倚靠扶手带或蹲坐在梯级上，也不要踩在黄色安全警示线上以及两个梯级相连的部位，以免摔倒或跌落。

☝ 穿宽松的服装时，要使服装离开梯级和侧面；不要将手提包放在扶手带上或倚靠扶手侧面裙板；禁止用脚踢踏侧面盖板，严禁将头伸出扶梯侧面，以免被其他物体碰撞。

☝ 不要在自动扶梯出入口处逗留，以免发生危险。

☝ 不要携带过大的行李箱、轮椅、手推车或其他大件物品乘坐自动扶梯，应使用升降式无障碍电梯。

☝ 如果发现有人在自动扶梯上跌倒或者有自动扶梯夹住手脚等情况，及时按下紧急停止按钮。无论上下方向，自动扶梯的一侧下方应有醒目的红色嵌入式或凸出式紧急停止按钮。

**乘坐电梯时，应注意：**

☝ 出入电梯时，要等轿厢停稳、轿厢门完全开启后有序进出，切勿盲目进出，以免坠井事故的发生。

☝ 在电梯运行时，尽量离开门口站立。穿着宽松服装时，避免被轿厢门夹住，造成人身伤害。

☝ 不要背靠轿厢门站立，以免门打开时摔倒。

不要扒电梯门，这样很危险！

📛 电梯超载报警时，不要强行挤入，否则会造成电梯无法关门，影响运行安全，情况严重时还会导致曳引绳打滑、轿厢下滑等事故发生。

📛 要快速进出电梯，不要在轿厢门口停留。不要用肢体去挡即将关闭的轿厢门，因为如果轿厢门感应功能出现故障，或肢体处于感应盲区，容易被轿厢门夹伤。如需使轿厢门保持打开状态，可按住轿厢的开门按钮。

📛 电梯到站停稳后如果未开门，可以按开门按钮打开轿厢门，不可强行扒门，以免坠井事故发生。

👆 不要在运行的电梯内嬉戏玩耍、打闹、跳跃和乱摁按钮，否则容易导致电梯安全装置误动作，发生被困电梯事故甚至伤亡事故。

👆 携带宠物上下电梯时，不要使用过长的细绳牵领，应用手拉紧细绳或抱住宠物，以防细绳被轿厢门夹住引发事故。

👆 发生火灾、地震、楼层跑水或电梯正在进行检修时，切勿乘坐电梯，应从安全通道离开。

53

当电梯发生异常时，应采取以下应急避险措施：

🛑 如果电梯突然停止运行，被困电梯时，要保持镇定。利用电梯内的警铃、电话报警，用手机拨打物业电话或"96333"电梯应急救援电话求救。如不能立刻找到相关人员，可通过大声呼救、间歇性拍打电梯门或脱下鞋子敲打等方式向外界求救。切忌频繁踢门、拍门。

别慌，这里有紧急救援电话。

🛑 如果遇到停电，或者手机在电梯内没有信号时，注意倾听外界的动静，伺机求援，切勿强行扒门、撬门，以免发生坠井事故。电梯都安装有安全防坠装置，即使遇到停电的情况，安全装置也不会失灵。

🛑 电梯顶部均设有安全窗，该安全窗仅供电梯维修等专业人员使用，不要擅自扒、撬安全窗，因为从这里爬出电梯会更加危险。

发现电梯突然下坠时，应做到：

🚽 不论有几层楼，应迅速按下电梯每一层的按钮。

🚽 整个背部和头部应紧贴电梯内壁，用电梯内壁保护脊椎。

🚽 握紧电梯内的扶手，防止重心不稳摔伤；如果电梯内没有扶手，要用手抱住脖颈，避免脖子受伤。

🚽 双腿微弯，以承受下坠压力；脚尖点地、脚跟提起，以减缓冲力。

🚽 如果有穿高跟鞋的乘客，应首先脱掉高跟鞋降低重心。

（2）游乐设施事故

常见的游乐设施事故主要有：突然停机、机械断裂、高处坠落等。

在乘坐游乐设施时，应注意：

认真阅读《游客须知》，听从工作人员讲解，掌握乘坐游乐设施要点。患有高血压、心脏病的人员不要乘坐与自己身体不适合的游乐项目。

出现意外伤亡等紧急情况时，切忌恐慌、起哄、拥挤。

　　🏮 一旦出现身体不适、感到难以承受时应及时大声呼叫工作人员停机。

　　🏮 出现异常情况时，不要私自解除安全装置，要听从工作人员指挥。

## 7. 诈骗、盗窃及抢劫事件防范和应急措施

**防止财物被骗,应注意:**

☺ 克服贪便宜、盲目从众、爱慕虚荣的心理。

☺ 不要轻易相信陌生人,不向陌生人或推销人员透露个人信息。

☺ 选择正规、有信誉的酒店或旅馆入住,防止被盗。

☺ 对于推荐祖传宝贝、家传秘方的,不要理睬。

☺ 一旦发现被骗要立即拨打"110"报警电话求助。

**防止财物被盗、被抢,应注意:**

☺ 外出游玩时不要携带贵重物品,钱财不要外露。

☺ 不要单独行动,游玩时尽量结伴而行。

☺ 不要到偏僻的地方游玩。

**遭遇到歹徒抢劫,应注意:**

☺ 遇歹徒拦路抢劫时,要保持镇定,先观察周围的情况,尽量拖延时间,等待求助路人的机会。

☺ 如果地方偏僻、四周无人,不要盲目呼救或和坏人搏斗,可把身上值钱的物品向远处抛去,当歹徒忙于捡钱物时,快速脱身报警。

🏕 必要时要舍弃财物，以防受到人身伤害。

🏕 记住抢劫者的外貌、口音和衣着特征，在他们离开后，立即拨打"110"报警电话。

## 8.动物咬伤应急处置措施

在野外活动时，有可能会遭遇毒虫和动物咬伤，例如蛇、蜂、蜈蚣等。如果不采取及时有效的应急处置措施，有时会导致严重的后果。

🔲 若被蛇咬伤，首先要明确是否是被毒蛇咬伤。毒蛇外观色泽鲜艳，头部多呈三角形，蛇尾粗短。牙痕是比较可靠的判断依据：无毒蛇牙痕多成排，且齿痕较浅；毒蛇牙痕呈两点或数点，且齿痕较深。一旦确定是毒蛇咬伤，要采取紧急自救措施。

√不要惊慌乱跑，减少活动，尽可能延缓毒素扩散。

√迅速用止血带或细绳在距伤口5~10厘米的肢体近心端捆扎，间隔半小时放松3~5分钟，以减缓毒素吸收入血。

√用嘴吮吸伤口数次，以促使毒素排出，但要注意口腔内不能有伤口和溃疡，并要及时吐掉和漱口。若无吮吸条件，甚至可以考虑用火柴、烟头烧灼伤口以破坏蛇毒。

√迅速去医院治疗。

　　😊 若被蜂蜇伤，须用消毒针将叮在肉内的断刺剔出，然后用力掐住被蜇伤的部位，用嘴反复吮吸，以吸出毒素。然后用肥皂水、碘酒或酒精充分清洗患处，再涂抹食醋或柠檬。

　　😊 若是被蜈蚣咬伤，出现局部红肿、疼痛等症状，立即用肥皂水清洗伤口，局部冷敷，也可将鱼腥草、蒲公英捣烂外敷。若出现恶心、呕吐、抽搐等症状，要迅速到医院治疗。

61

## 9.中暑的防范及应急处置措施

夏季温度高，中暑是较常见的病症之一，外出游玩期间与阳光接触时间较长，加之旅途劳顿等因素，很容易中暑。中暑可分为先兆中暑、轻症中暑、重症中暑。会出现头昏、头痛、口渴、多汗、浑身无力、心悸、恶心等症状，严重者会出现高热、昏迷、抽搐等症状。

**预防中暑，应注意：**

🔔 避免在最炎热的时间外出，尽量不要在强烈的日光下过多地活动，避免过度疲劳。

🔔 加强个人防护，外出戴遮阳帽或打遮阳伞。

🔔 补充水分，多喝凉茶、淡盐水等消暑饮料。

🔔 随身带一些必要的防暑药物，如人丹、清凉油、风油精等，发现不适可及时使用。

🔔 勿打赤膊，以免吸收更多的辐射热。

**发生中暑时，可采取以下应急处置措施：**

🔔 迅速将患者转移至阴凉通风的地方，最好移至空调室，解开衣扣，使其平卧休息。

吹吹空调，舒服多了。

🏮 适量补充淡盐水、绿豆汤等饮品，还可服用藿香正气水、十滴水等解暑药物，也可在额头或太阳穴擦涂清凉油。避免喝酒或咖啡等，以免加速虚脱。

🏮 用冷水毛巾敷头部，也可用30%的酒精擦身降温。

🏮 对于重症中暑者，应尽快将冰袋放在患者头部、腋下等处降温，用冷水反复擦拭皮肤，对昏迷者可用手指掐压人中穴，并迅速送往医院治疗。

63

# 四、典型案例

Dianxing Anli

# 典型案例

1. 上海外滩人群拥挤踩踏事件
2. 广东省肇庆鼎湖区砚洲岛游客溺水事件
3. 西藏拉萨市曲水县境内重大旅游交通事故
4. 陕西某游乐场游乐设施事故
5. 巴黎东北郊抢劫事件

## 1. 上海外滩人群拥挤踩踏事件

2014年12月31日23时，上海市黄浦区外滩人流增多，陈毅广场东南角北侧人行通道阶梯处的单向通行警戒带被冲破以后，现场值勤民警竭力维持秩序，仍有大量市民游客逆行涌上观景平台。至23时30分左右，陈毅广场和清水平台的人流产生对冲后在阶梯中间形成僵持，继而形成"浪涌"。23时35分，僵持人流向下的压力陡增，阶梯底部有人失衡跌倒，继而引发多人摔倒、叠压，致使拥挤踩踏事件发生。这次事件造成36人死亡、49人受伤。

## ● 事故教训 ●

这次事故是对重点公共场所可能存在的大量人员聚集风险未做评估，预防和应对准备严重缺失，事发当晚预警不力、应对措施不当而引发拥挤踩踏、造成严重后果的公共安全责任事件。

专家提醒

参加大型活动要提高自我保护意识，尽量避免去人群拥挤处，避免发生意外。

## 2. 广东省肇庆鼎湖区砚洲岛游客溺水事件

2008 年 10 月 4 日上午，广东省肇庆鼎湖区砚洲岛参团游客在游览景区用完午餐后，旅游团负责人与随团导游协商，给予游客一定时间整理行李、稍事休息，16 时集中乘车返回。导游随即宣布自由活动，在告知集合时间的同时，提醒大家不要下西江玩水、游泳。当日 14 时 30 分许，几名游客擅自到沙滩戏水。约 14 时 40 分，3 名游客走到水深处突然溺水，大声呼救。经救援，1 名游客获救、2 名游客失踪，事后确认失踪游客溺水死亡。

## • 事故教训 •

游客安全意识淡薄，违反合同约定擅自游泳，而且在游览的自由活动期间，旅游团没有安排专人巡视并及时阻止要下水的游客，这是事故发生的主要原因。

专家提醒

报团旅游时，要参加正规的旅游团，并遵从旅行社的相关规定，不得擅自改变行程或变更活动。

### 3. 西藏拉萨市曲水县境内重大旅游交通事故

2007年7月13日中午，在西藏318国道曲水段桃花村境内发生了一起重大旅游交通事故。西藏博达旅游客运公司的一辆金龙牌37座旅游大巴（内乘游客28人、司机1人、导游1人）在前往日喀则的途中，行驶至拉萨市曲水县境内，因司机强行超车，导致车辆坠入距路面80米深的雅鲁藏布江，事故造成包括司机、导游在内的15人死亡、2人失踪、13人受伤。

## ● 事 故 教 训 ●

该事故是由于驾驶员超速行驶、在超车过程中临危采取措施不当所造成的，驾驶员负全部责任。

专家提醒

旅行时，一定要选择信誉好、正规的旅行社和交通工具，不要一味选择低价旅游团。低团费、零团费的旅游团往往导致旅行社通过降低服务质量、雇用非专业司机、强制游客购物、不购买保险等方式来赚取利润，从而也增加了旅行安全风险。

## 4. 陕西某游乐场游乐设施事故

2013 年 9 月 15 日 13 时 30 分左右，陕西秦岭某游乐场"极速风车"游艺机上尖叫声接二连三地响起，游客们震惊地看到正在旋转的游艺机上接连掉下两个男孩，等工作人员反应过来关闭电源、游艺机在六七米的高空中定格时，一个女孩也重重地摔在了"极速风车"的铁栅栏外。其中女孩伤情最为严重。

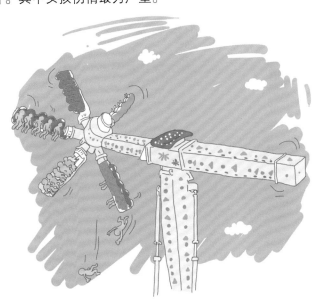

## ● 事故教训 ●

　　该事故是由于工作人员在检查游客安全保护装置时疏忽大意，没有检查几名游客的安全带而造成的。

专家提醒

　　在游乐设施启动前，工作人员必须认真检查每一位游客的安全保护装置，确保其完好且有效；游客认真阅读《游客须知》，及时询问不明事项。

## 5. 巴黎东北郊抢劫事件

2013 年 3 月 30 日 21 时 30 分左右，巴黎东北郊的塞纳—圣但尼省塞夫朗市的一家酒店附近，有 4 名到巴黎旅游的中国留学生在返回住所的途中，遭遇 6 名歹徒围堵抢劫。其中两名中国留学生遭到了歹徒的袭击。

## ● 事故教训 ●

该事故是由于当地犯罪分子了解华人华侨有携带大量现金及贵重物品的习惯，且该起案件中，事发地点偏僻，治安混乱。

专家提醒

境外游时，不要携带大量现金及贵重物品，更不要贪图便宜住在偏僻、治安混乱的郊区。